城市更新
景观改造

许哲瑶 /编著

URBAN
RENEWAL
LANDSCAPE RECONSTRUCTION

江苏凤凰科学技术出版社 · 南京

图书在版编目（CIP）数据

城市更新景观改造 / 许哲瑶编著 . -- 南京 ：江苏
凤凰科学技术出版社，2024.3
ISBN 978-7-5713-4310-1

Ⅰ．①城… Ⅱ．①许… Ⅲ．①城市规划-案例-世界
Ⅳ. ① TU984

中国国家版本馆 CIP 数据核字 (2024) 第 058302 号

城市更新景观改造

编　　　　著	许哲瑶
项 目 策 划	凤凰空间／段建姣
责 任 编 辑	赵　研　刘屹立
特 约 编 辑	段建姣

出 版 发 行	江苏凤凰科学技术出版社
出版社地址	南京市湖南路 1 号 A 楼，邮编：210009
出版社网址	http://www.pspress.cn
总 经 销	天津凤凰空间文化传媒有限公司
总经销网址	http://www.ifengspace.cn
印 刷	雅迪云印（天津）科技有限公司

开　　　　本	889 mm×1 194 mm　1 ／ 16
印　　　　张	11
字　　　　数	100 000
版　　　　次	2024 年 3 月第 1 版
印　　　　次	2024 年 3 月第 1 次印刷

标 准 书 号	ISBN 978-7-5713-4310-1
定　　　　价	138.00 元

目录

1
小微空间（口袋公园）
— 004 —

2
社区花园
— 024 —

3
城市街区
— 054 —

4
菜 市 场
— 076 —

5
城市公园
— 082 —

6
桥底空间、架空层
— 094 —

7
旧厂房、仓库
— 104 —

8
滨水大道、港口
— 136 —

1

小微空间（口袋公园）

　　口袋公园是高密度城市或社区中的小尺度空间，具有选址灵活、面积小、分布零散的特点，可以见缝插针地出现在都市中，为周边人群提供服务。具体而言，口袋公园占用的是城市"边角料"空间，投入的财力有限。同时，其小巧多变，能够随着周边环境的变化而改变设计、风格甚至用途，从而塑造更有价值的场景。构建城市的口袋公园体系，是一种改造效果较好且投入较低的"都市针灸"方式。

交互新技术，营造光影变化

新材料和新技术的应用为设计注入新的活力。苹果公司位于美国纽约第五大道的旗舰店经过整修，在前广场大量使用了节能环保和再生能源新技术，包括摄影、音乐、编程、艺术与设计等。

9个漂亮的创新公共艺术装置呈网格状排列，让游客可以与城市天际线互动。无缝的曲面造型既能坐着休息，又能在镜中看到反射的城市建筑。其内暗藏循环冷却系统，在吸收太阳能时也能防霜冻，可以全年使用。

镜面玻璃还能将两倍的太阳光反射到店内，把现场看不到的元素转化为景观亮点。

广场的中央是独特的玻璃立方体，象征着活动中心，引导人们进入下面的商店。访客顺着圆形升降梯或不锈钢楼梯来到立方体下方。这些楼梯与升降梯的零件都由镜面不锈钢制成，反射出周围的景观，创造出令人兴奋的刺激体验。

点亮建筑的室外微空间

弗兰克·劳埃德·赖特是美国历史上最伟大的建筑师之一，他认为空间的运作方式不仅要与外部沟通，还应与自然环境沟通。他设计的马丁庄园，展出了日裔美国艺术家金子润的 7 件团子陶瓷雕塑。圆润、充满活力的户外装置展览主题为"之间"，代表两件事物之间的空间，它不是一个分离的界限，而是代表着一种关系。

赖特的作品之所以出众，是因为他对空间和规模的大胆探索，以及对材料的细致运用，从而创造了与自然和谐共生的环境。具有纪念意义的陶瓷雕塑也通过这个展览重塑了马丁庄园，让我们能够以充满活力的新方式与建筑进行互动。

室外的草坪空间是公共艺术的最佳展示舞台，绿色的基底可作为多元艺术作品的背景，有利于实现多样、多变的景观塑造，十分具有吸引力。

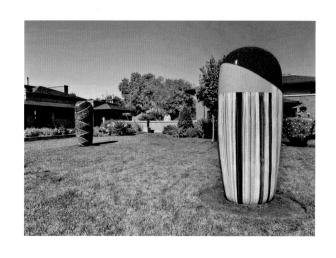

自然材料的艺术雕塑更能与环境融合，这类雕塑或者装置对建筑的室外空间具有重塑的作用，能促进人与建筑的对话、互动。

营造手法独特的铺装

连接深圳当代艺术馆和购书中心之间的市民广场，经过一番改造后，在雨中和阳光下呈现出不同的景观效果，既有日式枯山水的景致，又有中式园林步道铺砌的手法，其本身也是大地艺术的一部分。拱起的"山坡"为儿童提供了户外滑坡的场地，周边还有戏水池。

风 · 光交叠装置

在美国波士顿东北大学的艺术街角，有一个色彩
鲜艳的公共艺术装置，60 多种渐变色的 PVC 网格横
幅悬挂于支架上，在风中摇曳，相对移动时会让人产
生错觉。当阳光照射时，透过它们的交叠，又能产生不
同的色彩碰撞，很是特别。

艺术雕塑美化街角

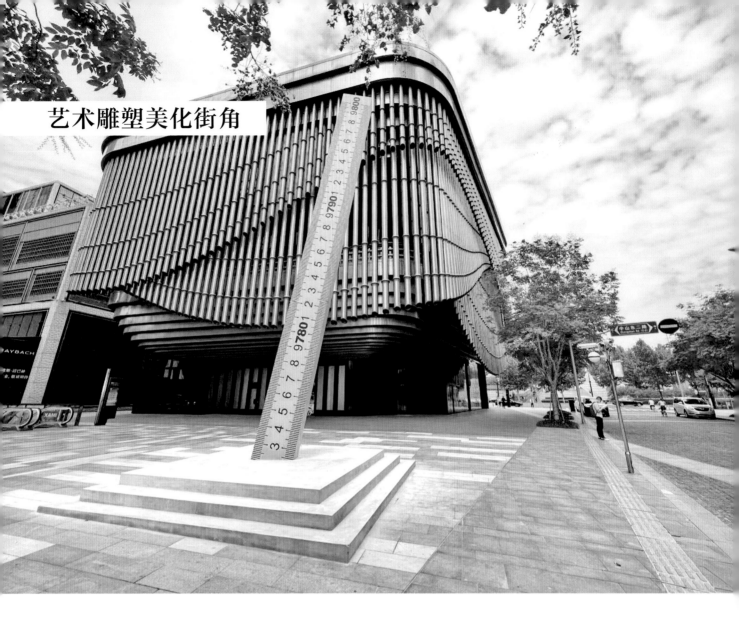

大型雕塑或艺术作品展示在街头拐角处，有利于营造场所的艺术氛围，这类作品一般形式简洁，以几何造型为主，具有较强的视觉冲击力，能调动人的情绪。左上图为上海复星艺术中心前的雕塑，其余为美国纽约曼哈顿街头的艺术雕塑。

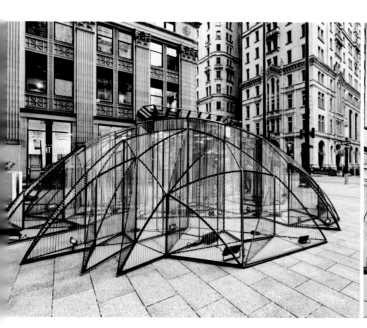

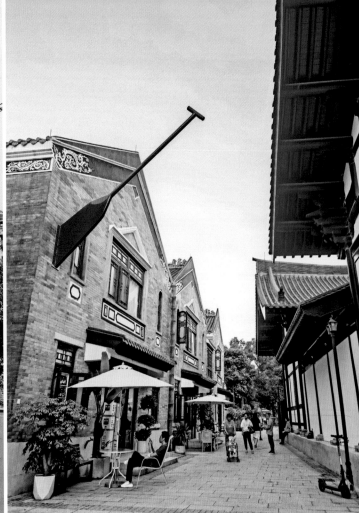

　　互动型的雕塑越来越受到城市居民和游客的喜爱，在传统街区多形成沉浸式"打卡"场景，在现代商业街则成为快闪、行为艺术、户外展陈的媒介。

　　1973年，中国台湾艺术家杨英风的重要作品——东西门（OE 门）被放置在美国纽约曼哈顿的华尔街上。在简洁的方块造型里挖出一个正圆形，正圆形有如镜子一般斜置在前端，具有东方"以空为镜"的哲学美感。虽已是 50 年前的作品，但其提出的景观雕塑这一概念，成为环境艺术的核心。

躲避城市喧嚣的"绿洲"

在高密度城市语境下，为满足人们亲近自然的需求，在遵照场地空间限制的前提下，自然要素被垂直地编织到建筑内部，甚至延伸至外立面和屋顶，形成相互连接的公共景观空间和生态系统，为使用者提供了丰富的绿色空间。如新加坡的"1-Arden 食物森林"，将现代建筑的线条和立面与该地区的热带景观特征融为一体，并作为亲自然城市实践，水果、蔬菜、药草和花卉种植在 5 个不同的主题地块，不仅为大楼内的餐厅提供新鲜食材，还可用于工作、漫步、休息、锻炼或举办活动等。

"绿洲"的垂直景观模仿了热带雨林的植物层次：叶片的生长层级与植被层内部的光照有着直接关联；叶片较大的耐阴植物出现在"雨林层"，对直射光的需求较少；上方的树冠层即雨林层的"屋顶"，主要配置了叶片较小的树木。

模拟自然的互动水景

作为成都穿水公园的首段，设计延续生态模拟的手法，在狭窄的线性场地中，利用场地高差巧妙引水，并将水与景结合，打造成一处蜿蜒多变的互动水景空间。用具有高度可塑性的水洗石塑造多曲面的墙体和地面，模拟自然山川形态和流水冲刷的肌理。

水线旁是一条掩映在绿荫之下趣味盎然的水溪走廊，其中暗藏着多组水泵机房与过滤设备。水瀑、涌泉、跳泉、雾泉……水元素丰富，随机触发互动水景装置，为空间带来多元的互动体验。

自然元素为主题，具有隐喻意义

作为美国纽约门脸的麦迪逊广场，其草坪是城市艺术家们展示作品的舞台，常年有各种互动式展出。如建筑师林璎的装置作品"幽灵森林"，在公园草坪上架起了49棵枯死的大西洋白雪松，与周围成荫的绿树形成鲜明对比。作品象征了因极端天气而死亡的大片森林，提醒人们关注气候变化和栖息地的丧失。

美国雕塑艺术家休·海登的公共装置作品——Brier Patch草地课堂，由100张环绕式的桌子组成，整齐地排列在如同小学教室的网格里。每个单体雕塑上都有独特、枯败、覆盖着树皮的树枝从桌上伸展出来，创造了一个由椅子和树枝织成的网，无法穿透。这个隐喻性的作品暗示了教育的不平等。

小贴士：口袋公园如何解决管理问题？

◆ 定制场景——让使用者也成为管理者

美国格伦代尔国际象棋公园（Glendale Chess Park）曾经是一个连接剧院和停车场的乏味"过道"，经过定制化场景设计后，现已成为社区国际象棋爱好者的天堂。

在使用阶段，国际象棋俱乐部会组织丰富的活动，对公园的维护、管理起到了积极的作用。这里的夜晚特别安全，因为象棋爱好者很多都是"夜猫子"，越是晚上思维越清晰活跃。"闪电之夜"象棋比赛进行到深夜，仍然人头攒动。另外，附近很多从事公共管理的人员或警察，也是国际象棋爱好者，他们时常出现在公园中，也起到了一定的震慑作用。

◆ 调动当地组织和社区团体的力量

随着该区域热度和价值的上升，2021年，国际象棋公园被改造成极具商业价值的特色餐厅，餐厅依然保留了国际象棋的传统，为爱好者们提供活动的平台。

从象棋公园的案例中可以看出，作为"小而精"的口袋公园，从城市的精细化管理角度来说，多样性未必是最好的选择。只有针对特定人群进行定制化场景塑造，才能让使用者也成为管理者，从而实现口袋公园的长效管理。

2

社区花园

清华大学社会学系教授罗家德如此定义社区营造："社区营造是社区自组织的过程，提升社区内的社群社会资本，达到自治理的过程，通过政府引导（不再是政府主导和管控）、民间自发、非政府组织帮扶，使社区自组织、自治理，帮助解决社会福利、经济发展、社会和谐的问题。"

社区形态亟须转型，为"社区营造"生长提供契机，把当代以陌生人为主体的社区结缘为美好、和谐的社区，培养居民成为有温度、有责任心、关注并积极参与公共事务的人，营造出有温度的社区，从资金、管理等各角度实现社区的可持续运营。

PART 2

弹性的"海绵花园"

澳大利亚墨尔本桑维尔社区公园，利用闲置多年的小学旧址，新增了开放式雨水花园及地下蓄水处理系统，不仅有效减轻城市排水的负担，还能作为公众认识海绵城市的生态教育场所。

雨水花园和草坪与游乐园区分开，分布在步行道一侧。平缓的生物滞留池里种植了低矮的本土植物，边缘则种植茂密的植被，确保在外面能清晰地看到雨水花园，但又无法轻易进入，保障了儿童的安全。

草坪下安装了大容量的地下水箱，能有效收集城市雨水，过滤后被再次利用为公园大草坪灌溉和互动型水上娱乐设施用水。

桑维尔社区公园划分了三大功能分区，为不同年龄段的孩子提供专用的游戏空间。北面为青少年活动区，设置了多功能滑板类运动区、篮球半场和健身器材区。

中区为低龄儿童的水上乐园、游乐场、木制敲击乐器区和小型绿化迷宫，还有供监护人休息的大型凉亭、家庭野餐区（备有烧烤设施）和户外健身器材区。南面为一个带有板球场的大型草坪，作为弹性空间，不仅是户外影院、音乐会等文化活动的户外场地，还是各种球类游戏的活动空间。

"社区花园" 或 "社区农场"

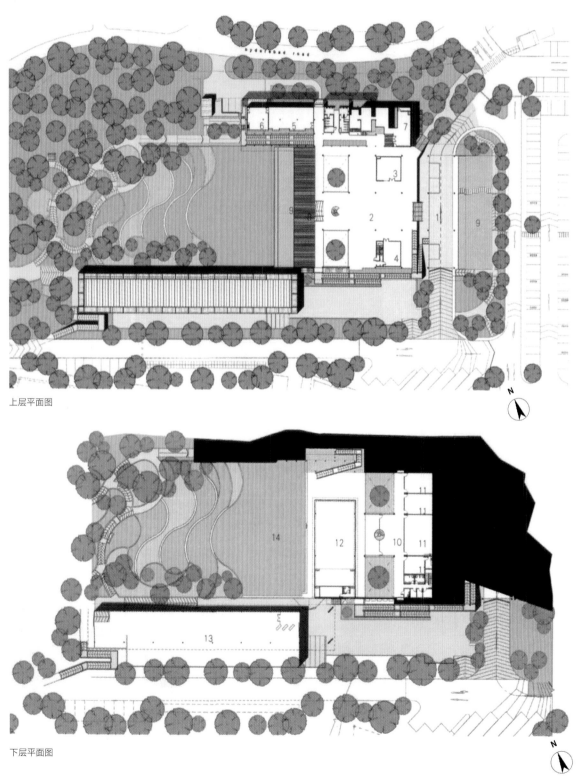

上层平面图

下层平面图

新加坡的 Hort Park 园艺公园，是孩子们可以自由奔跑的惬意场所，由展览区、培训区、多功能设施和一间小餐厅组成。

轻质屋顶采用简单的钢梁柱结构，注重构造感的表达，底座厚重而体块分明。均匀的光线令屋顶之下的空间显得明亮通透。

建筑师大胆而成功地使用了黑色，将建筑元素退隐为背景，以此凸显景观和公园，最终建筑呈现的是一个巨大的廊架。廊架建在基座上（用来控制视线并适应自然地形），能形成连续的景框，将游客的注意力引向自然景观。

黑色的建筑与自然和树木形成对比,相互映衬,同时在建筑重要位置留出庭院,院内精心布置的螺旋楼梯或坡道,可以进入建筑的"架空层"庭院。

清水混凝土建造的空间显得厚重，光线的处理加强
了空间感。采光庭院穿插于架空层之间，带来绿色、光
线和自然的气息。扭曲的金属板制成的黑色钢帘幕为采
光庭院增加了层次。露出架空层的庭院与户外空间相连，
这是人们体验园艺公园的开始。

在花卉主题步道中，通过标识牌和景观亭的只言片
语宣传花文化，进行科普教育。

以景为媒，延续情怀

华南农业大学中的历史建筑乙组膳堂，曾经是学校的食堂，现活化使用为酸奶文化馆：将室内拆出的老砖填补在外墙破损处；将打掉的窗檐石重新复原；到老城区寻找与建筑同时代进口的西班牙花砖，并铺在室内。室内建起"书山"，并提供音乐休闲茶座。

室外小广场新增了由酸奶瓶搭建的艺术装置墙和毕业生留影框，L形红砖矮墙与隔壁宿舍红砖墙上横竖交错的线条交相辉映，小桌椅、长凳、小品结合观赏草地点缀花园。

匠心砌筑，延续古村生命

广东佛山儒溪村的微改造不是泥古守旧，而是通过保留、再利用串联街头巷尾的岭南元素，包括原有材料、形态、肌理等，匠心砌筑，延续建筑的生命。利用村心杂地打造成"爱心菜园""巾帼葵园"、鲜花示范路以及多个特色共享小院，满足村民的生活需求。

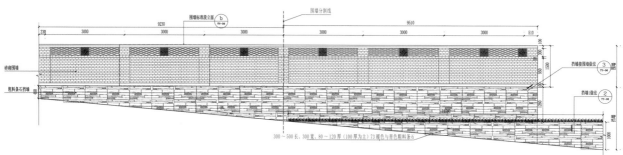

围墙立面图

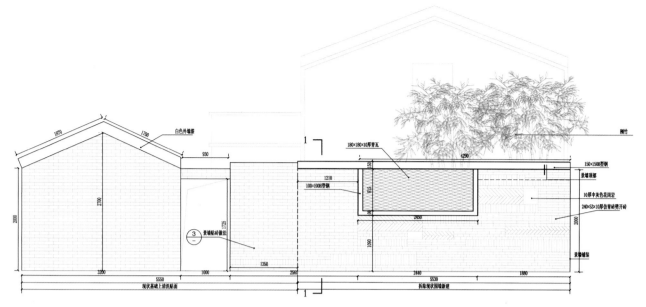

景墙立面图

全龄友好，辐射周边

　　健康社区背后强调的是地域生活共同体。从全龄友好的角度出发，广东东莞虎门万科里社区聚焦居民的室外生活场景需求，在硬件设施上，针对不同年龄段设有专属分区，如儿童飞行主题乐园、青少年滑板区、成人篮球场、老年人康体活动区以及亲子互动区，各分区有机串联健康跑道，同时带动周边商业空间发展。

在色彩搭配上，设计师选择了与建筑完全不同的亮橙色，让景观设施出挑，增强"装配式"的感觉，增加吸引力。同时，这种颜色也让每一个小空间更加轻快、温暖和令人愉悦，形成突出的景观效果。社区经过改造后，作为开放绿地补足区域短板，以独特的形象设计强化商圈的集聚效应，提升周边板块价值。

肌理细分，再现集体回忆

以历史文化保护与集体回忆再现为导向，在保留现有街巷肌理的基础上细分立面尺度，提取青砖、红砖等本土风貌元素，形成街区协调统一的建筑形象。如广州先锋社区广场旁的一栋青砖姑婆屋，拆除部分围墙，展露出传统岭南建筑立面的同时也保留了民居天井的空间关系，用作广府文化展示空间。先锋小学的改造将传统青砖建筑形式注入其中，以一个雪白的大盒子包裹博物馆组团，转角的展示面则以弧形穿孔铝板镶嵌在窗洞上，突出展现了历史文化在建筑场地的独特性。

因借体宜，随类赋彩

上海昌五小区建造于20世纪90年代，是一处高密度的居住小区，小区内部并不宽裕的楼间绿地大多用于停车，并没有为公共活动留下空间。社区围墙的重修，为小区公共环境的修复与改善提供了一个契机，打造成一处富有生活气息的线性园林。它将其6～8米宽窄不等的空隙地带，由小区的边缘改造为社区的中心花园。

根据沿街住宅的排列方式，围墙内外的树木和街道、游廊的走向相应地内外凹凸，不仅与小区内部的环境形成呼应，同时也为街道提供拓展性的口袋空间，无形中消解了围墙带来的隔断感，使围墙园林成为内部社区居民、外部街道游客都能获得参与感的中心性场所空间。

游廊的蜿蜒曲折对应着因势布局的场所节点：有些是买菜回家居民的休息敞廊，有些作为小区入口的缓冲地带，有些是提供给放学儿童的读书庭院，有些则成为老年人相聚聊天的街头会客厅。园林中常用的"因借体宜、随类赋彩"策略，也被用来应对该项目社区工作中必须面对的不确定因素。这种策略在实施过程中，可以根据居民的意见进行调整，也可以将候车功能等周边因素纳入其中，但不影响原有的、富有园林意趣的场景。

线性空间连接城市动脉

上海百禧社区公园原址为废弃铁路改造的农贸市场和综合市场，于2021年重新规划，现已建设成为一个全新的、多层级、复合型步行体验式社区公园绿地。

这是一处非常罕见的夹缝空间，场地狭长，平均宽度在10～20米。公共线性空间具有促进社区共享、串联城市慢行空间的可能性。全长880米的百禧公园聚合10组场景，满足了聚集、娱乐、休闲、运动等不同需求，通过立体的设计手段，赋予狭窄场地3倍的空间延展效果。

屋顶经济

重庆鹅岭老旧小区改造，将顶层开辟为花园咖啡厅，让社区的人们获得幸福感。原木搭建的玻璃房、温室和户外露台，搭配了花池和各种盆栽、旧物装饰，如旧钢琴、缝纫机等，时光碎片的拼贴让这里成为流转时光的空中花园。

屋顶适合利用光影塑造空间，从早到晚光线的不断变化，营造出微妙、丰富、难以捉摸的神秘感。阳光透过树梢形成户外吧台的"光斑地毯"，通过玻璃窗折射入内，和木制家具一起营造温馨的氛围。

居委会改造，配套社区文化补充

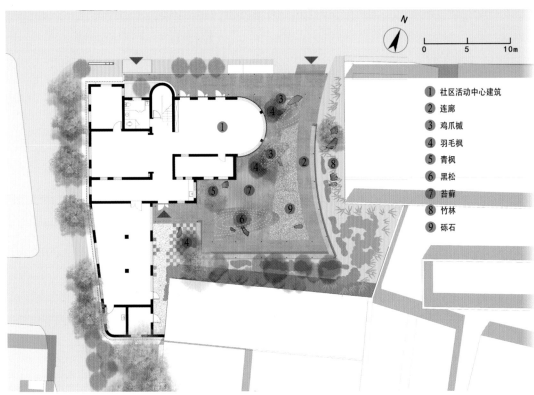

1. 社区活动中心建筑
2. 连廊
3. 鸡爪槭
4. 羽毛枫
5. 青枫
6. 黑松
7. 苔藓
8. 竹林
9. 砾石

平面图

东园二村位于上海浦东陆家嘴核心区域，是20世纪80年代建设的住宅小区。本项目是由一幢两层建筑、南侧国际青年旅舍以及东侧的居民楼围合而成的院子。院子设围墙和铁门将小区居民隔开，由2/3的硬质铺地和1/3的集中绿化区域组合而成。空间简陋直白，植物生长无序，且不易进入。

本次改造试图把原本封闭、简陋且与居民割离的场地转变成一个能够向社区开放、可共享的公共空间。

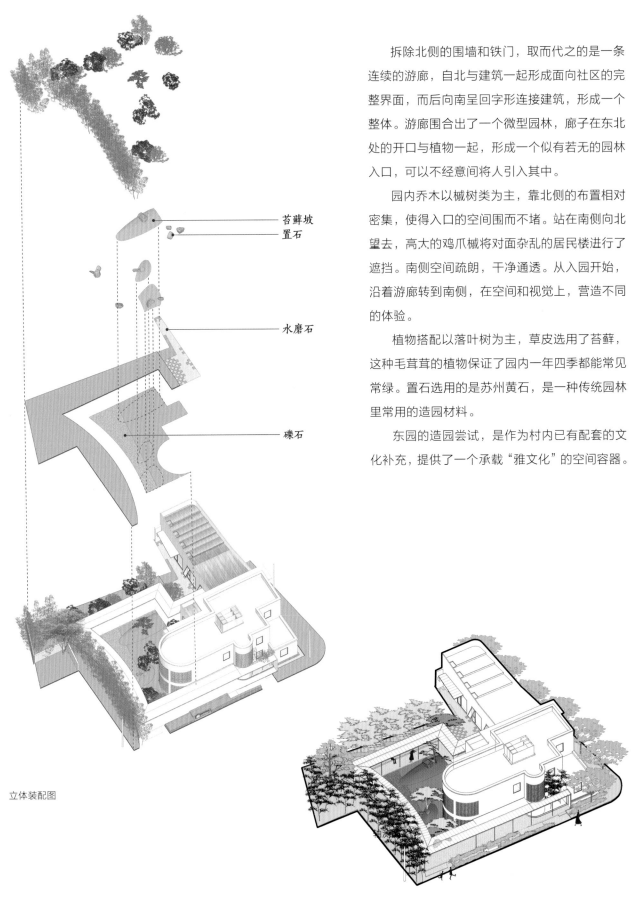

拆除北侧的围墙和铁门，取而代之的是一条连续的游廊，自北与建筑一起形成面向社区的完整界面，而后向南呈回字形连接建筑，形成一个整体。游廊围合出了一个微型园林，廊子在东北处的开口与植物一起，形成一个似有若无的园林入口，可以不经意间将人引入其中。

园内乔木以槭树类为主，靠北侧的布置相对密集，使得入口的空间围而不堵。站在南侧向北望去，高大的鸡爪槭将对面杂乱的居民楼进行了遮挡。南侧空间疏朗，干净通透。从入园开始，沿着游廊转到南侧，在空间和视觉上，营造不同的体验。

植物搭配以落叶树为主，草皮选用了苔藓，这种毛茸茸的植物保证了园内一年四季都能常见常绿。置石选用的是苏州黄石，是一种传统园林里常用的造园材料。

东园的造园尝试，是作为村内已有配套的文化补充，提供了一个承载"雅文化"的空间容器。

苔藓坡
置石

水磨石

砾石

立体装配图

社区公园，打造文化活动广场

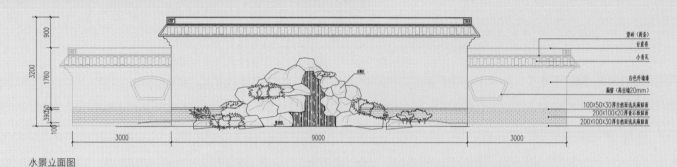

水景立面图

本项目位于珠海市斗门区，为城中村落社区公园改造，分为四大地块：原有村尾公园位于村道东北侧，呈长三角形，面积 3830 平方米；隔村道西北侧原有公厕所在三角形小地块，约 1300 平方米；污水处理站位于公园北侧，日均处理量 150 吨；场地地势相对平缓，北侧略高，内有大树 10 余棵，以前建造的休闲亭、舞台及鱼池已陈旧破损，风格不搭，需要分别考虑是改造还是保留。

本设计旨在为村民和游客打造一处可以休闲放松、健身娱乐的空间。结合周边环境及功能定位，设计主要从以下方面进行考虑：

①保留场地内若干株大榕树、落羽杉，记录场地历史，同时作为项目绿地的骨架，其他乔木有选择性地保留。

②将污水处理站的设施用绿地造景的方式予以遮挡，并对其外部环境进行美化。

③将原来相对简陋的公厕进行改建，提高私密性，改善游人体验。

④整体风格与村居建设的岭南风格相融合，功能上宜憩、宜游，将乡村生活融入场地。

⑤掘地为池，引水为溪，利用旁边的灌溉渠作为溪流水景的补水源。

平面图

① 主入口广场
② 观景平台
③ 景观桥
④ 园路
⑤ 石板汀步
⑥ 老榕树平台
⑦ 儿童活动区
⑧ 改建公共厕所
⑨ 跌水假山
⑩ 假山背景墙
⑪ 共乐廊
⑫ 探月亭
⑬ 老人活动区
⑭ 沉月池
⑮ 流香池
⑯ 原有污水处理站

小贴士：如何建立社区花园可持续的共建机制？

◆ "倒金字塔式"的组织架构

    面向管理者，构建自上而下的倒金字塔组织架构，即上层建筑以政府参与和技术引导力量为核心，下层基础以居民自发为代表，建立引导与反馈的弹性工作架构，不仅调动了居民的积极性，保证了居民的自主权，同时技术上也保障了专业性。

◆ "工具手册式"的技术指南

    面向使用者，为了更好地传递理念、更专业地进行技术引导，可用工具书的方式鼓励居民自主共建花园，一方面促进花园的高品质建设，另一方面为社会培养合作、志愿服务，意义深远。

3

城市街区

在城市更新的进程中，对既有文化街区空间的形态和功能加入沉浸式体验，是一个值得持续探索的课题。充满"烟火气"的地域特色文化、传统非物质文化遗产在街区的更新中发挥着极其重要的灵魂价值。它不是一种简单的元素融入，而是要将历史文脉融入街区更新、风貌展示之中，联结人们生活的方方面面。

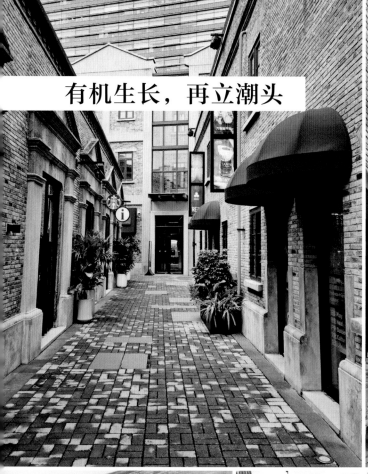

有机生长，再立潮头

四川北路作为上海重要的商业街，"今潮8弄"激发了其历史商街的重生，在完整保留并修缮中心城区8条弄堂内的60幢石库门、"颖川寄庐"大宅、三联排等历史建筑基础上，以"海派弄堂"为载体，赋予其现代商业功能，重塑街区，赓续海派文化。街区保留了"公益坊"前天井，让石库门架构成为单元式前院，为商铺首层提供了灵活运营的过渡区域。

还原生活场景，表达邻里共生

北京市大栅栏街区建于明，盛于清，是距离天安门最近、保留最完好、规模最大的历史文化街区。如今，大栅栏片区已逐渐发展成北京市中心城区历史延续最长、遗物遗存最多、旧城风味最浓、范围最大的传统市井文化区。

通过集群式设计，北京坊片区呈现出"一主街、三广场、多胡同"的空间格局，最终形成开放式、低密度的街区形态。整体规划既尊重场地历史，又符合现代人高效的生活方式。

北京坊在街巷尺度上做了一定程度的提升，重新在这个片区内复兴了一种新的空间秩序。街道最宽处有25米，窄处只有3～5米，既结合了以前胡同的格局，补足了前门大街宽阔有余、变化不足的缺点，又在几条主街上沿袭前门大街宽阔的街道尺度，错落有致，有开有合。广场与主街形成的空间变化，营造了一种生活氛围。

除了沿街8栋单体建筑外，北京坊还有很多小建筑组合，分为东西两个区域。建筑设有独特的空中漫步体系，多处连廊将建筑连成一体，犹如架起一条空中胡同。人们可在空中观景漫步，在胡同屋顶露台用餐，一览京城之美。

北京坊将文化艺术、设计创新、消费体验、生活方式、餐饮美食等多品类的业态穿针引线般串联在一起，共同组成了极具"文化志趣"的品牌序列。更为难得的是，这些品牌还有着"全球唯一"或"首店"的共同属性，尽情展示中国当代的"文化自信"，多方位呈现"中国印记"。北京坊当之无愧地成为讲述"中国品牌故事"的典范。

叙事焕新，传承老街文脉

仓城老街被誉为上海最老的古街，这里的大仓桥是标志性的景观。老市河两边，全是徽派明清建筑，古风浓郁。

穿插其中的，是一些由老宅院改造而成的咖啡馆，门面虽小，却别有洞天，把电影场景的叙事思维借鉴入场景改造中。在安静的院落里，随意安放一张桌子、几把椅子，细微处勾勒生活场景。

文脉织补，有机更新

　　长沙都正街全长314米，宽5.5米，是当地保存下来为数不多的历史街巷之一。2013年，都正老街在有机棚改中开启蜕变之路，从实际出发，以改善居住环境为首要原则，拆除违建，打通消防通道；危房按原址、原面积、原性质改建；电线入地，容量扩增；麻石青砖铺路，道路焕然一新；下水管网扩容换新；按老街风貌，对房屋外立面进行了修复式改造，同时引导居民改建危房。不搞大拆大建，实现了棚户区改造与旧城文脉保护有机结合。

都正街的"东池"，在唐代曾为一处水光潋滟、山岛竦峙的大型园林。按原貌恢复的东池一隅，仍旧透着素雅的古风，假山小桥，庭院深深，实现场景再现。

表里合一，让情味共生

白果园街区作为长沙市的特色民居古巷聚集地，一直烟火旺盛，许多本地人仍居住于此。

建筑传递着街道表情，承载着几个世纪风雨的白果园街区采用了表里合一、内外兼修的修复策略，包括保留了巷内由清代至今的麻石路，结合路面的整修，以现代化的排水管道取代古老的公沟。每栋房屋的细部之"表"都按照"保护原貌，以求其真"的原则被重新改造，如老式公馆恢复青砖外墙、屋檐翘角、花格窗棂、石库门、虎头铜环、匾额和门联等。

巷子里有栋老建筑，原是机关办公用房，后被改造为餐厅，叫"幸福里"，民国风格的装修。从进门开始，就可以感受到浓浓的文化气息，每个场景、每件物品都是20世纪三四十年代的味道，每道菜式都述说着湘菜的精髓。

艺术滋养，让经典流传

新加坡的牛车水美食街，一直以售卖当地美食的小贩推车来吸引旅客及当地民众。彩虹色系的环境隐喻着多元的饮食文化——咖喱色系的特色氛围大吊灯和刻有印度风格装饰图案的折叠掩门，以及橄榄绿色的户外帐篷和城市家具等。

街道的韵味是可以通过景观设计表达的，巨幅彩画是街头艺术的标配，也是景观环境艺术最接地气的表述方式。

新晋文艺地标

上海上生·新所是一个提供"7×24 小时"服务的一体化、开放式空间。它不是一个商业项目，而是在开放街区的肌理上加以特色运营展现上海现代生活方式，是沪上新晋的文艺地标。上生·新所以新形式诠释了街道空间与水环境的关系，用水来分隔街道空间，形成良好的微气候，同时为底层商铺的外摆空间营造安静的氛围。

在园区通道，摆放着数株鸢尾花造型的艺术装置，夸张的花朵造型起引导和点缀场景的作用。

"网红打卡"，记录城市风貌

由城中村改造而成的广州世联·永泰里，设计了许多针对抖音、小红书用户的拍摄场景，不失为旧城改造的新点子。

亲自然建筑，重塑公共空间

广州番禺时代·芳华里将自然特征引入城市建筑中，折线错层的外观使建筑边缘更容易被鸟类看到，将鸟类撞击的可能性降到最低。

依照植物的特性，将植物种植在适宜生长的位置。亲自然的设计促进产业园迭代更新成为复合型综合体，形成了辐射地区的户外花园式社交场所，重塑城市公共空间。

音乐情境，生活圈的探戈

黑石公寓是位于上海黄金地段的一座豪华公寓，整体外观呈折中主义风格，主立面左右对称，由三段弧线构成，底层建有超大门廊，带有丰富的古典主义装饰。

黑石公寓采用了微更新，主要是对景观环境进行改造。依托上海交响乐团带来的艺术氛围，以"生活中的音乐家"为设计理念，将景观环境改造成邻里花园、文化广场等，和其背后的4栋建筑共同打造成音乐街区，为邻近的音乐厅提供配套服务。

小贴士: 旧街如何吸引年轻人和外地游客?

    挖掘年轻人对"街道生活"的需求,这对城市吸引和留住年轻人至关重要,只有抓住年轻人的需求,才能抓住城市的"财富密码"。因此,打造街道生活场景,将生活和休闲从传统庭院搬向城市街道,从而吸引更多年轻人聚集、消费,已经成为城市更新的一大探索方向。如上海大学路打造了青春活力、国际社交的生活街道,北京望京小街把交通混杂、设施老旧的街道改造成集艺术、时尚、科技为一体的国际街道等。将这些传统仅具有交通功能的街区,打造成能够承载年轻人生活的开放街区,将原来庭院中的休闲场景迁移到街道两旁,不仅服务了当地人群,更带动了区域活力。

菜市场

　　菜市场是城市里最具烟火气息的地方，鲜活与温度在网络时代显得尤为珍贵。它浓缩了当地的岁月记忆、人文风情和饮食结构。近年来，在城市更新的话题不断被热议的背景下，许多城市展开了如火如荼的菜市场改造，老去的菜市场又焕发出新的生机与活力。

不只是市集，还是流动的展厅

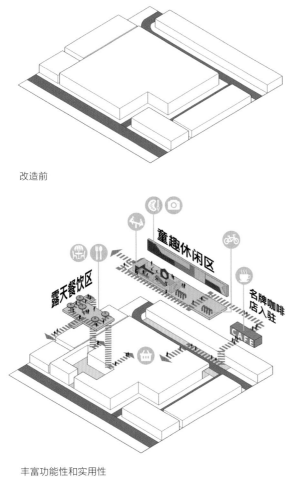

改造前

丰富功能性和实用性

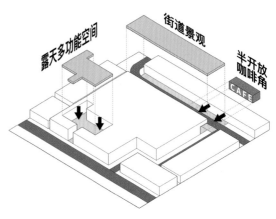

增加露天景观空间和沿街景观空间

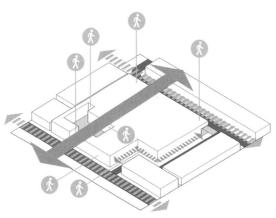

打造通透的市场环境

澳大利亚墨尔本普拉兰市场具有150多年的历史，见证了城市的发展和变迁，如今它的价值不只是市集场所，更是一座展示历史和当地文化的展厅。市场升级改造后，东南角两处新增的景观让它更具流动性，也使得市场更加通透。改造后的市场拥有更多的休闲景观区域，为居民及游客提供了更好的体验。

改造用嵌入和扩张的手法把新景观加入传统市场中，让历史和新时代相融合。根据人流量和需求，把景观设置在临街处，起到引流和模糊市场与街道边界的作用。

新增的景观设在了东南入口处，行人可穿过景观进入市场内部，改造后的入口尤为热闹。咖啡的香味溢出了街道，七彩而带有蔬果图案的单车架、马路对面带有市场主题的斑斓墙面，都打破了市场的界限，让它的存在更加鲜明。

增加景观区域，使市场"灵动"起来，打破只是买菜的单一功能限制，在室内、室外添加了各式休息区，打造更为优质的购物环境。比如，市场外的一列停车位被改造成休闲游乐区域，与入口街道上的彩色装置互相呼应，营造休闲的购物氛围。

丰富视觉效果，提升购物体验

广州东山肉菜市场嘈杂、凌乱的空间与现代高品质生活空间的诉求相差甚远，购物体验欠佳，周边使用者并不愿意在此过多停留。

改造时，沿着整个片区的交通流线，赋了其一条五彩灵动的"彩色走廊"。在重要的空间节点，包括建筑入口、院落出入口、廊道使用了覆盖全部路线的彩色荫蔽系统。

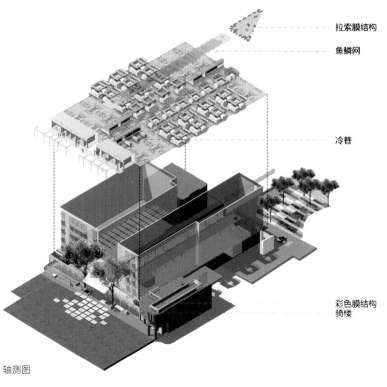

拉索膜结构

鱼鳞网

冷巷

彩色膜结构
骑楼

轴测图

在原主入口处增加醒目的雨棚，造型采用广州传统缓顶宽檐的建筑形态，提升整体标志性。膜结构选材轻盈，呼应广州气候特点。

碉楼冷巷是广州园林典型的空间形态，重新梳理原有市场通道，对传统冷巷空间进行研究，对通道顶部采光进行调整，优化原先杂乱的内部空间，梳理招牌设计后，空间更为舒适了。

菜场入口处，拉索装置的引入整合了原有较为混乱的建筑界面店招和上空视觉效果杂乱的居民区，形成了统一的视线连接。

彩色水磨石掺杂彩釉玻璃材料

膜结构 + 彩色荫蔽系统

鱼鳞网

复古洗米石无障碍通道

小清新风格、简洁清晰的标识系统

穿孔板导视牌

5

城市公园

　　从"千园之城"到"公园城市"，城市公园滋养着居民的日常生活。在绿荫掩映之下，孩子们悠游嬉戏，成年人健益身心，老年人载歌载舞，从早到晚人气满溢，处处彰显着生活之美。随着城市的存量更新，城市公园被赋予了新的功能，文化气息浓厚，商业配套齐全，是城市中心区居民日常休闲的目的地。

线性空间景观提升

此项目位于珠海市南湾大道沿线，紧邻南屏镇政府、南屏社区和北山社区（居住区），改造范围集中在珠海大道至竹仙洞公园路口一段，是重要的城市交通干道。

项目场地为狭长的线性空间，设计主要针对市政道路与沿线建筑之间的混乱空间进行整治，打造一条集环境美化、休憩交流、形象展示等多重功能的道路沿线景观带。

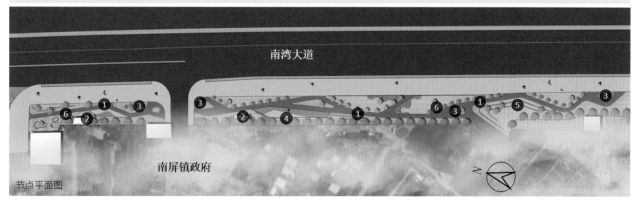

节点平面图

图例：

① 休闲步道　　④ 景观矮墙

② 电箱美化　　⑤ 石阶

③ 景石　　　　⑥ 条形坐凳

经济技术指标表

序号	名称	面积（平方米）
1	绿化	1955
2	铺装	983
3	总面积	2938

注：绿化率为67%。

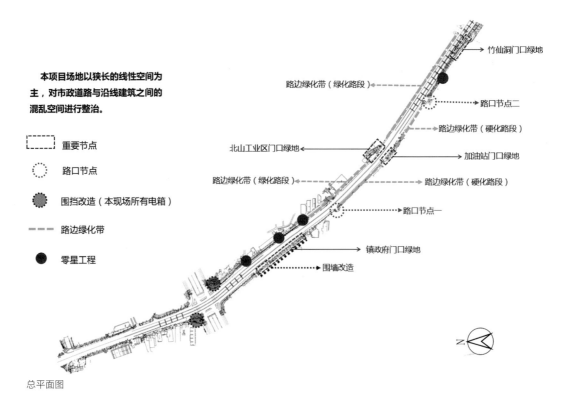

本项目场地以狭长的线性空间为主，对市政道路与沿线建筑之间的混乱空间进行整治。

☐ 重要节点

⭕ 路口节点

⬤ 围挡改造（本现场所有电箱）

- - - 路边绿化带

⬤ 零星工程

竹仙洞门口绿地

路边绿化带（绿化路段）

路口节点二

路边绿化带（硬化路段）

北山工业区门口绿地

加油站门口绿地

路边绿化带（绿化路段）

路边绿化带（硬化路段）

路口节点一

镇政府门口绿地

围墙改造

N

总平面图

针对项目碎片化分布的特点，通过点（节点改造）、线（绿化提升）结合的方式，进行场地修复和空间再造，分为绿化提升、重要节点整治、围挡改造、零星点缀等类别，分别开展针对性的设计。在突出重要节点景观功能的同时，也重新梳理了地形，以解决排水问题。

进行适宜的植物配置，与周边建筑及商业环境相协调，对需要"遮丑"的地方进行了艺术化处理。

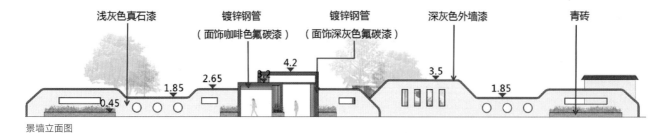

浅灰色真石漆　　镀锌钢管　　镀锌钢管　　深灰色外墙漆　　青砖
（面饰咖啡色氟碳漆）　（面饰深灰色氟碳漆）

4.2

2.65　　　　　　　　　　　3.5

1.85　　　　　　　　　　　　　　　　1.85

0.45

景墙立面图

镀锌方通，间距50～80 mm（面饰咖啡色氟碳漆）　　　　　喷石漆或石材贴面

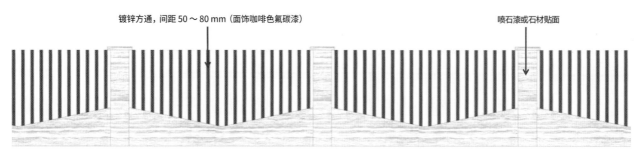

围挡改造立面

打破边界的连接

有12层楼高的亨德森波浪桥是新加坡最高的人行天桥，横跨于亨德森河上。桥长275米，钢木结构，造型别致，桥身形如波浪，有4个波峰和3个波谷。其波浪状的设计给人以视觉上的冲击，动感十足。

全桥采用无障碍设置，桥面防滑，没有梯阶，设有扶手。行走其上，可以看到一侧作为支撑的波浪形"龙骨"，为喷有白漆的钢制结构。桥面由东南亚独有的硬质木材——巴劳木制成，桥上有多处呈贝壳状的隐秘休息区。

登桥前的休息区，树池篦子和休息坐凳的
设计为游人提供休闲、观光的场所。

存量用地的激活

在公园城市理念影响下，公园更新的价值观从单纯的物质更新转向内涵式发展。老城区公园的更新利用一方面能盘活存量空间，使老公园焕发新活力；另一方面能促进老城区公园融入公园城市的更新发展，作为区域公共服务功能的补充和优化。

适用于老城区公园更新的边界连通、综合渗透和智慧赋能三种更新策略，通过"公园 +"模式赋能，使公园的存量低效空间向"以人为本"的多功能空间转变，实现公园提质增效。

例如，广州越秀公园东、北片区的废弃建筑分别被打造成文化艺术空间和综合性当代艺术中心，公园深耕"公园 + 文化"，与当地老字号品牌联手打造公园文创产品"五羊雕像雪糕"。

公共艺术的点亮

　　专类公园是以特色主题为核心的公园，公共艺术在这里既可作为环境设施的一部分（如新加坡植物园的温室入口长廊，两侧花基与安全围栏结合，运用了仙人掌剪影造型），也可以作为触发点引起人们对自然的兴趣和思考（如新加坡植物园的温室内休息区，纽约植物园的草间弥生波点元素、南瓜雕塑等）。

桥底空间、架空层

近年来，一些被公路分割得支离破碎的城市空间得到越来越多的关注，改造也已经刻不容缓。许多城市正在将过境交通的桥底空间改造成市民公园，用艺术装置、时髦灯光和清新宜人的散步绿道取代杂草丛生的黑暗通道，造福市民。

艺术提升，激活街区

美国纽约高线公园是全球城市更新案例的典范之一，前身是一条铁路货运专线，停运后一度荒废，杂草丛生，后通过园艺、公共艺术等全方位的改造，构建了一块"空中绿毯"，在世界享誉盛名。

高线公园最大的特色是植物配置，种类超过350种，使公园内部铁轨与周边植物等元素较好地融合。为保留废弃铁轨整体的粗糙感，用了长势很高的草类等多年生植物和灌木，强调整个景观的结构、质地、形式，最终呈现出如同从枕木与铁轨间自然生长出来的景观效果。

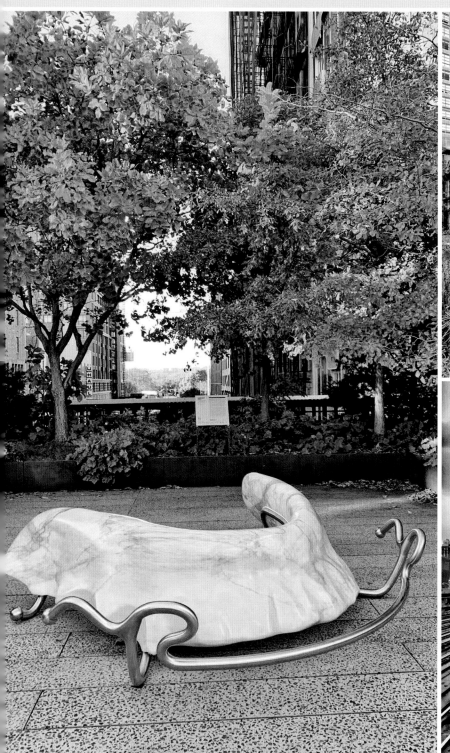

将桥下的灰色空间转换为小商业、文化空间，增加收入来源。如高线公园酒店下部的灰色空间，更新后成为风格独特的时尚餐饮区。

高线公园的大胆设计和创新，与整个街区的环境相得益彰。新奇的景观小品、充满活力的艺术氛围，使高线公园成为新的旅游目的地。

激活节点，空间换新

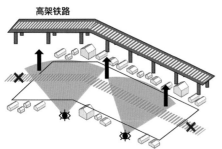

通过高架铁路代替旧轨道，激活桥底空间，
打造高通透、多功能的景观

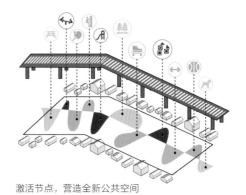

激活节点，营造全新公共空间

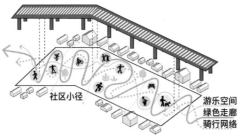

增加社区的连接性，构建完善的公园网络

　　澳大利亚墨尔本东南部的铁路走廊和7个郊区的9个平交道口，沿线打造了景观和多模式交通，包括火车、公共汽车和其他车辆的换乘枢纽，相辅相成。绵长的走廊公园优化了多个社区的环境，为当地商业创造了更多机会。低矮化设计的景观里没有过多烦琐的遮挡物，宽敞的球场、大片的草坪、清晰的行走与骑行路线，塑造了通透的场所。

　　5个车站都被打造成社区中心，每个车站都包含一个新的城市广场和地面层的建筑物。节点上方的高架桥以"解体式"的形式分布，一分为二的解决方案将轨道分开，减少视觉体积，让光线照亮桥底的社区公园。

　　大胆使用色彩打造的空间带来了强烈的视觉冲击，每个节点专属的颜色创造出独一无二的"身份证"。

　　景观如同"超级方块"，为各个社区提供了具有吸引力、安全性高且保持完好的休闲场所。

　　在改造过程中，材料也得到重新利用，如树木、火车铁轨、车站原有的素材等，被改造成座椅、游戏物品等，保留了地区独有的身份特征。

7

旧厂房、仓库

　　随着经济的发展和产业结构的调整，大量建筑空间失去了原来的工业功能而面临废弃，成为城市存量更新改造的重要部分。因其留存具有时代的价值和意义，见证着城市文明和工业技术的发展，经过活化更新，也可以新的姿态继续记录曾经的城市记忆。

"工业山水"意蕴，彰显场地美学特质

　　广州番禺紫泥堂创意园原址已有 60 多年历史，具有文物价值的建筑和设备众多，经过改造，对厂区重新规划、保留和利用，注入现代新元素，打造出具有"工业山水"意蕴的岭南传统文化特色。

对场地内保留下来的机械设施，有针对性地进行色彩和构成上的艺术加工，创作成雕塑艺术品，如铁艺、砂岩雕塑造型创意景观、主题艺术雕塑和机械景观等，凸显工业时代的特质。

项目从生态设计和视觉设计的角度改变原来的功能和应用，使原有厂房建筑具有全新的文化含义和多功能的新景观。

时尚文化，彰显独特标签

　　位于纽约曼哈顿街区的一家鞋履品牌店，由旧冷冻仓库改造而成的季节性零售鞋店，俨然成为独特的艺术空间。其品牌理念"时尚与实用"为该店的设计提供了灵感——黑白相间的强烈对比，凸显出产品的丰富纹理和色彩，令人耳目一新。

自然原野，让气候风自由穿梭

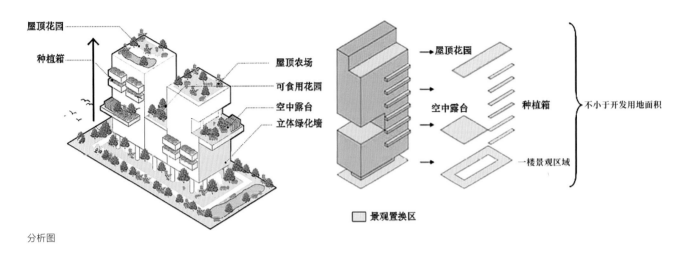

屋顶花园

种植箱

屋顶农场
可食用花园
空中露台
立体绿化墙

屋顶花园

空中露台

种植箱

一楼景观区域

不小于开发用地面积

□ 景观置换区

分析图

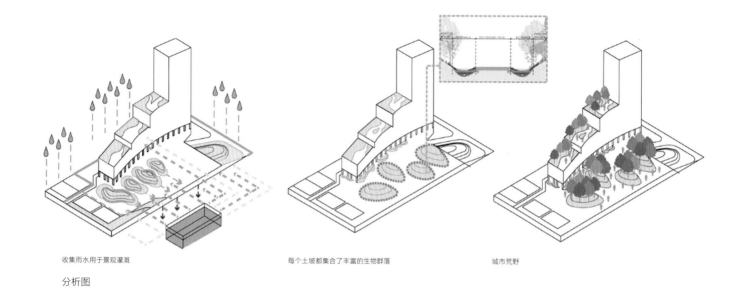

收集雨水用于景观灌溉　　　　　　每个土坡都集合了丰富的生物群落　　　　城市荒野

分析图

丰树商业城位于新加坡西部，是一个工业区，设有港口和仓库，整个场地为混凝土覆盖。由于市场对办公空间的需求不断增加，开发商决定拆除仓库，把它改造成一个现代化的办公场所，连接到前面现有的一期办公大楼。

规划方面，在场地的北端规划二期阶梯塔，使一期和二期中心的开放空间成为共享的户外活动区域，用绿植铺地取代过去乏味的坚硬地表。

为了连接附近公园的生态走廊，在停车场的平台顶部创建了一个"森林生态系统"，作为一处接纳空间，也是一期和二期建筑之间的交汇点。在大部分阶梯塔的屋顶上，土壤的平均深度达 1.8 米，可确保植被未来的成长需要。

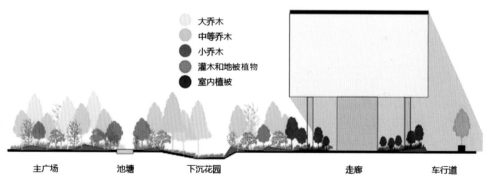

大乔木
中等乔木
小乔木
灌木和地被植物
室内植被

主广场　　池塘　　下沉花园　　　　走廊　　车行道

分析图

雨水管理方面，在土丘的底部建造生物洼地，有效调节排水模式。通过疏通，雨水径流缓慢地流经砂层进行过滤。贯穿始终的雨水生态池，将雨水处理后再循环用于灌溉。

在植物群落的下层区域，点缀着配植的高灌木，并混合了当地野生的灌木丛，组合起来给人一种森林内部茂盛幽深的感觉。各种乔木和灌木的种植，也成了鸟类和其他野生动物的栖息地，展现出丰富的生物多样性。

植物的足迹无处不在，不仅停驻在建筑物周围，还蔓延在园区各处。在阳光 45° 照射的地方，可选择种植典型的林地耐阴树种。

为了管理大面积的绿化场地，园区建造了一系列的小土丘，可以帮助营建雨水管理系统，同时打破了平坦地面的单调乏味，创造出更多生动的活动空间。土丘设计的方位也适应当地风向，有助于缓解从一期和二期建筑方向过来的人流。

在空间形态的创造上，根据土丘的形状，设计了户外活动的流通空间以及迷你空间，人们可沿着底部的小路前行。在土丘顶部设置了隐蔽的户外座位区，它们隐匿在"森林"当中，不仅是休闲停留的好去处，还可以近距离地与自然亲密接触。

设计中，考虑到园区某个角落的位置，设计了一个大型的绿色圆形露天座位区，可供特殊活动或表演期间的大型团体聚会使用，也可以作为安静的休息空间。

当代艺术遇上常民美学

中国台湾驳二艺术特区的前身是一个港口仓库，经过改造后，仓库空间转变为集文创设计、生活艺术、独立音乐、公共艺术等于一体的展演场域。

艺术街区共有 6 栋仓库，主要为工作室进驻，作为文化创意产业的发展基地。各式各样的特色小店、藏在巷弄角落的公共艺术作品，以及假日的文创市集等，是整个艺术园区最有文艺青年味道的地方。过去储放货物的供应港口，现在改头换面成为艺术家的创作天堂，汇集满满的设计与创意能量。

艺术特区面向民众，可漫步或搭乘水岸轻轨穿梭其间，感受创意街区里的悠闲与美学。

工业遗存，蜕变为文创空间

景德镇陶溪川文创街区，以陶瓷文化为基底，打造"传统＋时尚＋艺术＋高科技"的城市文化街区，实现了传统与现代、文化与科技、生产与生活的深度融合，成为当地的文化地标和城市名片。

项目以原宇宙瓷厂为核心启动区，通过结构改造、环境塑造、活力再造，植入多元业态，凸显文化内核，成为工业遗产成功转型、文创产业发展升级的样本。

挖掘场所价值，转化文化舞台

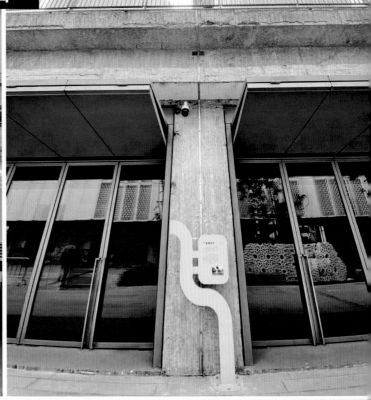

深圳金威啤酒厂最具标志性的工业遗存场景，是屋顶矗立的 33 个白色筒仓，穿过楼板进入室内，现身为巨大的不锈钢倒锥体，悬挂在天花板上。下方是密集有序的管道。

设计师有选择性地结合展览叙事予以保留，从场所价值的挖掘和转化入手，通过灵活的空间介入，创造性地使用工业设备。跳脱日常的空间体验，让啤酒厂最终成为整合公共文化生活的城市"基座"，成为文化空间及展示工业建筑的舞台。

基座顶部为室外展区，串联各建筑，内部结合现状开挖了一系列下沉庭院、通道与活动空间，创造出一条空间叙事主线。

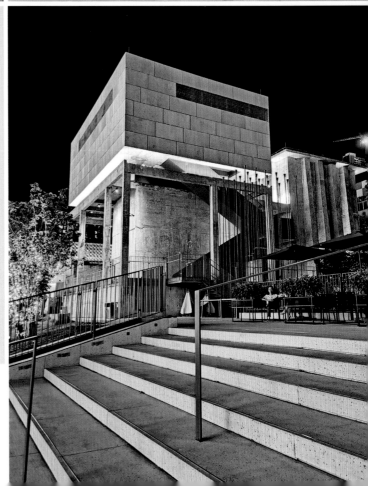

激活场地特征，增强历史叙事

澳大利亚悉尼帕丁顿下沉花园由水库改造而来，保留了具有历史特征的建筑框架，选择契合场地的材料加强结构稳定性，设计发掘了废墟改造的可能性，并保留了场地的叙事性特征。

改造中使用了钢、铝、混凝土和古砖、铸铁及木材等元素，坚固耐用的同时，也交代了其工业时代的背景，为水库的历史、功能、形式和重要性提供了解释的线索。

植被的使用具有历史意义，如蕨类植物代表了沼泽植被，为英国维多利亚时代后期代表性的外来物种覆盖物，是塑造场地意境和阐述历史的重要元素。改造保留了标志性的古迹和独一无二的空间气氛，使得公众能有机会在"废墟"中游览其带有时间痕迹的墙壁和拱顶。

改造克服场地和临街视觉上的高差，重新排列景观元素的高低和布局，打造出通透、具有吸引力的景观。建立不同方向的出入口，实现场地和社区街道在水平面高度上的衔接。

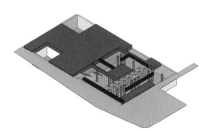

场地改造前的原始状况

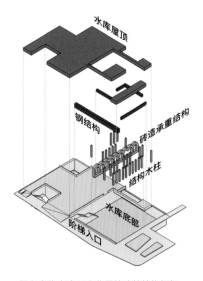

保留交代水库历史背景的建筑结构框架

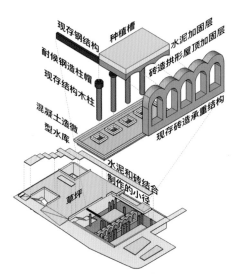

选择与场地具有故事关联的材料
进行下沉公园的改造

利用植被营造场地意境

　　改造中，以倒塌的屋顶为灵感，保留了西侧的缺口，把公园下降到水库底部的高度。东侧空间原有的屋顶被加固，两个"天井"的发掘使得光线和临街的视野达到平衡，满足人们对水库的好奇心。同时，通透的景观也一扫人们对安全的顾虑。

　　东侧的屋顶通过草坡和临街达到衔接，东西两侧添加了高耸的拱形遮阳篷（和水库里的拱形墙体相映衬），使一部分建筑达到临街的视觉高度。因承重力有限，在不可增高原有建筑和结构的情况下，配植适宜的植物，从视觉上提高遗迹高度，提示公园的存在。

　　公园设置了 4 个入口，由楼梯、草坪、坡道和电梯（满足母婴推车、残障人士的需求）组成，引导游客进入下沉花园中。

　　除下沉的水库被改造以外，相邻街道的一部分也被纳入改造范围，设置了和水库历史相关的小景和简介，加强了场地和周围街道的联系。

　　提供多元化的空间，打造能够满足多种需求的聚会场所。公园不定期地被用作展场，展览当地艺术家们的作品，开放的屋顶草坪、下沉的花园、地下室都是可以利用的场所。

挖掘利用，工业美学的时代价值

深圳华侨城 O·POWER 文化艺术中心利用发电厂工业遗址融合自然生态与人居环境，提取圆形元素，以油罐、构架、水塔、厂房等遗址作为景观骨架，结合舞台艺术、休闲商业、社区游乐等功能需求，把生产性的巨型尺度调整为满足社区居民需求的生活尺度。

改造尽可能保留厂房建筑的实体结构和细节痕迹，如 3 个储油罐被改造成多功能空间，具有花园、剧场、游乐、展陈等多功能属性。根据原有功能分区，形成五大组团，向外扩散交织，连接城市中的自然生态，成为一个复合型文化艺术园区。

工业遗址蜕变艺术景观

上海龙华机场（1966 年停用）位于黄浦江边。曾服务于机场的 5 个白色航油罐，内部空间开阔，挑高达 15 米以上，拥有极具工业特点的穹顶及曲面圆周空间。

5 个独立的油罐用一个 Z 形的绿化屋面连接起来。绿化屋面上面是高低起伏的草坡、两个开阔的广场和一片"都市森林"。绿化屋面随场地高差的不同与地面相接，既为人们便利地进入场地提供了可能，同时也将植被、水景和小展厅等自然地联系起来。油罐区的种植设计凸显绿色环保主题，设计结合工业基址，营造出疏林草地、林下空间、缓坡草坪等多样种植类型，将油罐包围在绿色世界中，使得艺术空间和自然景观彼此相融。

　　散布其间的公共艺术作品，不断地邀请人们在自然与艺术之间穿梭。绿化屋面之下互相连通，成为灵活开敞的室内展览及服务空间。整个景观界面开敞大气，凸显遗址建筑的风貌，为周边居民提供良好的放松和休憩场所。

　　结合场地环境设置休憩设施，采用简洁的花岗岩条石座椅，围合出宜人的尺度。油罐成为艺术节、书展、时装周、人工智能大会等各式活动的举办场所，不拘一格，丰富多彩，为周边社区及城市带来蓬勃的生命力。

艺术介入，激活新生

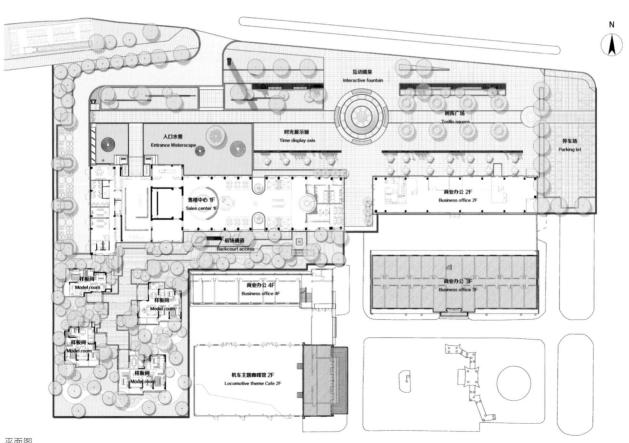

平面图

拥有 60 余年历史的扬州冶金厂承载着一代扬州人的记忆。如今，这个拥有辉煌历史的老厂区正在转型，未来将作为混合开发区、工业博物馆以及聚集人气的公共广场来服务大众。设计师希望通过象征的设计手法，将人们渐渐淡忘的工业记忆和历史记录保留下来，为市民提供一个有纪念性且富有活力的生活剧场。

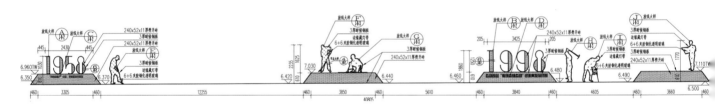

情景雕塑正立面图

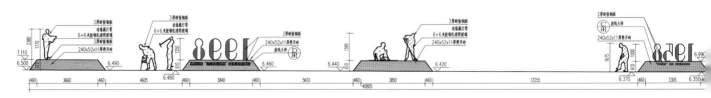

情景雕塑背立面图

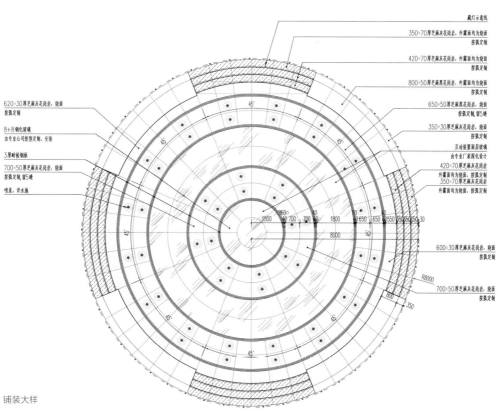

藏灯示意线

350×70厚芝麻灰花岗岩，外露面均为烧面
按弧定制

420×70厚芝麻灰花岗岩，外露面均为烧面
按弧定制

800×50厚芝麻黑花岗岩，外露面均为烧面
按弧定制

650×50厚芝麻黑花岗岩，烧面
按弧定制留5缝

350×30厚芝麻灰花岗岩，烧面
按弧定制

620×30厚芝麻灰花岗岩，烧面
按弧定制

8+8钢化玻璃
由专业公司按型定制、安装

互动装置面层玻璃
由专业厂家深化设计

3厚耐候钢板

700×50厚芝麻灰花岗岩，烧面
按弧定制留5缝

420×70厚芝麻灰花岗岩
外露面均为烧面，按弧定制
350×70厚芝麻灰花岗岩
外露面均为烧面，按弧定制

喷泉，详水施

600×30厚芝麻灰花岗岩，烧面
按弧定制

700×50厚芝麻灰花岗岩，烧面
按弧定制

铺装大样

133

应该赋予冶金厂一个怎样的城市新角色，如何延续工厂的空间气质和文化记忆，如何重新联结场地与人以及人与自然的关系呢？针对这几个问题，设计团队进行了深入探讨，并制定了设计策略：

①时光痕迹，文化延续。保留原有建筑特色，以时间流过的痕迹，让城市工业文脉在空间里延续。

②艺术介入，激活新生。将艺术装置融入场地，形成独特的空间氛围，重建社群归属认知。

③自然联结，永续生态。以自然的形式，联结人与生态的关系，塑造与自然共生的未来社区，焕发生机。

该项目旨在以克制的设计手法展示工厂的生产历史和生活故事，在保护工业文化的同时，为现代居民提供一处富有活力的城市广场。项目使用的主要材料——红砖，回收自旧工厂，重新应用到建筑外墙和景观之中。原始工厂设备被保留在公共广场上，增强场地的工业特征，以兼具互动、趣味与纪念的形式在场地保留，让记忆中的冶金厂精神以亲近的方式得以呈现。

8

滨水大道、港口

河流是城市的起源，也折射着城市的变迁。在存量发展背景下，亲水公共生活空间的重建和挖掘，能有效提升与自然联结的亲水环境特质，有助于恢复人与自然的联系，形成多样化、多层次、多感官的亲水体验。

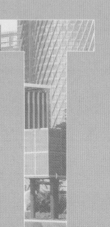

满足高娱需求，增强观景价值

　　澳大利亚墨尔本圣基尔达长廊被重点改造的 700 米前滩，旨在让长廊满足不同人群的使用需求，改造设计上做了减法，把空间打造成简单却富有变化的场所。空间仅使用了 3 种材料——防腐木板、混凝土和能适应海边环境的植被。通过改变材料的安置方法，以块面的造景形式，调整角度和高度来发掘单调材料使用方式上的多种可能，营造协调统一却不枯燥的景观。

　　防腐木板被运用到路径、阶梯、平台、座位、骑行道的制作上，通过改变木制平台高低，满足了人们对场地的使用需求。混凝土相比其他材料更适宜海边环境，不易被风化，能够长时间使用，经济实惠，且容易制成各种造型。

　　长廊上高低起伏的道路既可以通行，又可以席地而坐；沙滩边上的混凝土设施既能当成座位，又能作为滑板墙。多"赛道"的设置方法将漫步的悠闲、骑行的速度和观赏的乐趣融为一体。

　　长廊总体沿海岸线延伸，在重要节点处设置了开阔的圆弧形广场。主道的高低起伏、弯曲变化，提供多样的行走路径和观赏体验。一系列的陀螺形态单人座位被设置在长廊出入口，树木为这些座位提供荫凉。

设计中也体现了实用性，入口处放置的基础设施如饮用水源、淋浴花洒等，为游玩后的游客提供休息、乘凉、洗漱的空间。海边有多个标志性的建筑和构筑物，改造前被大量杂乱的植物遮挡，改造中对植物进行了清理（多为非本土植物），再配合低矮（低于成人视线）的景观，打造出通透、开阔的视野，彰显沿海风光。

不受风雨影响，丰富步行体验

新加坡圣淘沙跨海步道长约 700 米，沿长堤平行而建。作为新加坡独一无二的主题花园大道，两边不仅设有零售店和餐饮店，还有 5 个展示本土热带植物的主题花园。

考虑到新加坡临海的地理特性和热带海洋性的气候特征，自动人行步道采用了室外电梯的配置，可以经受日晒雨淋的考验。它为游客提供了另外一种观光体验——既能拥有开阔的视野，欣赏美妙的海景，又能安全舒适地到达彼岸。

步道沿途设有自动扶梯和顶棚，全程无障碍设计，可以防晒、防风雨。丰富的遮阳设施使游客在任何天气状态下都可自如通过，游玩不受影响。

长廊内兼容零售自助式小商店，与亲水步道之间设有休息坐凳，沿途还有一些餐厅可供选择，栈道在夜晚还布置有浪漫的灯光。

作为东南亚第一个以花园为主题的跨海步行道，标识牌、微型岩石园和艺术雕塑随处可见，起到路径引导作用。沿途都是新加坡特色的热带景致，可以欣赏美丽的海景与岛景，丛林中的二级步道设置便于休息与观光。

多元的水景体验

　　深圳滨海文化公园依海而建，与海共生，海洋也因此成为整个公园的设计灵感。潮涨潮落的韵律启发了公园流动的线条语言，这种语言被广泛运用在地形、步道、水体以及构筑物中，激发了场地的流动感，将城市与海洋融合在相互关联的空间中。

　　充分利用前海湾的"海湾之水"，打造开阔的滨水景观以及丰富的观景空间，方便人们在不同区域、不同角度享受独特的海湾景致。另外，场地内部打造了"互动之水"，引入一条"水飘带"，最大限度地增加亲水界面，使亲水具有强互动性、可亲近性，以及多元主题性。

　　在中央庆典水广场，设置了一个环形的互动喷泉，喷泉的高度与灯光不断变化，产生丰富的流动旋转效果，全时段强化人们的感官体验，既体现了公园的海洋灵感，又与远处旋转的摩天轮交相辉映。此外，设计师还结合休息区设置了互动性极强的水景，这些地方是孩子们活动的天堂。孩子在前方通过水景进行探索，父母则在造型优雅的凉亭中休憩。这样的场景，是对人与水亲密关系的最好诠释。

创意的漂浮绿洲

　　纽约漂浮公园坐落在曼哈顿西边的哈德逊河上，在这里，可以看到绝美的天际线。267 根蘑菇形状的混凝土立柱从水下缓缓升起，高低起伏。每根立柱的顶部都形成一个方形的花槽，花槽以镶嵌的方式连接起来，形成绵延起伏的小岛景观。

　　整个公园由三大分区组成——游乐场、露天剧院和林中空地。所有树木在交付时都经过称重，并根据其大小分配特定的起重机，精准地放置到预留洞中。由于当地易受强风侵袭，设计、施工团队便将根部结构和预先埋入混凝土板中的钢丝网绑在一起，以便抵御强风。所选树木的叶子都偏小，尽量减小强风的影响。

小岛内配置了6.6万棵
盆栽植物，有超过350种
花卉，还有114棵大树。

"工业 + 滨水" 营造多层次文化场所

    美国纽约猎人角南部区域三面环水，是城市生态发展全新模式的理想示范区。猎人角南滨公园场地曾经是成片湿地，随着工业化进程加剧，逐渐变成了垃圾填埋场和破败荒废的滩涂码头。

    场地上的工业遗迹和秀丽的滨水景观在改造中得以充分利用，建立起富有弹性、多层次的休闲和文化广场。在原有地形与混凝土设施的巧妙结合下，公园处处折射出雕塑般的艺术美感。

　　喧闹的城市区域与宁静的滨水空间通过一座遮阴长廊相连接，实现了和谐过渡。长廊的位置优势激活了公园的各类娱乐系统，还为进入园中的行人提供了明确的视觉指向。褶皱式顶棚结构不仅唤起当地民众对码头海运历史的记忆，还具有雨水收集与太阳能发电的功能。

　　在钢质褶皱顶板的南面安装有 64 片太阳能光伏板，可为公园 50% 以上的区域提供电力。实质上，这一特别的顶棚设计还拥有更多的光伏板安装空间，以便将来为整个公园供电。此外，褶皱顶板还可有效收集雨水以灌溉毗邻的生态草沟。

　　富有质感的拉丝金属顶棚外沿悬于邻近的草坪区边缘地带上方，在绿地与主体公园景观的映衬下，更具活力。

波浪起伏的江边展厅

《瓷堂》是上海西岸"建筑与当代艺术双年展"的作品，以一个自设中心的圆体来呼应空旷的城市环境，视觉上似隔非隔的表面处理方式协调着建筑内外的关系，内部通用的大空间满足各种可能的功能要求，以干挂大型釉面陶块的立面效果来营造形态上的表演感。通过运用陶瓷材料，以其润泽的肌理吸引路人靠近、触摸和窥探，让身体与建筑产生直接联系，传递出一种亲切感。

　　西岸美术馆由英国著名建筑师戴卫·奇普菲尔德带领的建筑事务所担纲设计，历时三年完成。其极简主义的廊柱，撑起了总建筑面积为2.5万平方米的展厅。

　　美术馆地块呈三角形，位于滨江绿化带的最北端。围绕该建筑的地面广场被抬升至洪泛区之上，黄浦江景一览无余。顺着广场东侧边缘的台阶而下，可至邻近河岸的休息平台。

　　美术馆由清水混凝土制作的伞拱造型，呈现理性、冷静的工业氛围和原始感，有力却不失轻盈，简洁而不张扬。在这样的展示空间里，艺术作品更能凸显它的独特气质。

艺术 + 运动 + 临江

广州 B.I.G 海珠湾艺术园前身是大干围码头仓库，由 8 栋 20 世纪 50 年代典型的红砖厂房组成。园区在改造过程中，以"唤醒历史旧建筑"为宗旨，最终变身为"艺术 + 运动 + 临江"多功能文创园区，成为广州火热的新地标，吸引了易建联薪火训练营等知名品牌在这里汇聚。将旧场地改造成具有话题性的"网红建筑"也是园区广受欢迎的原因之一。以前用于货物转移的搬运货梯及通行楼道，如今已摇身一变，成为园区的招牌打卡点——彩虹梯，从不同角度观看，都能折射出不同的色彩，充斥着浪漫氛围。

文体项目的落地也让旧建筑的价值再次得以重塑，训练营使用的红砖厂房充满工业记忆。具有时代特征的框架结构、新旧叠加的材料、灵活的空间和沿江景观，让室内外运动场地更为紧密地串联起来。

海港转变为绿色空间

澳大利亚巴兰加鲁海滨公园的改造展示了设计团队对人文历史的深刻解读，他们把场地复杂的元素融入设计中，很好地体现了平衡。其主要的设计手法有以下三种：

① 重现场地未受殖民和工业发展之前的景观。通过恢复原始地形，大量使用场地原有素材，重建海岸线，大量种植本土植物。

② 利用岩石挖掘后产生的洞穴，搭建文化馆和多功能室外空间（洞穴顶部设置了大草坪），为传承本土文化提供专门的场地。

③ 尊重场地工业历史，采用人性化的方式来安排路径、种植带、阶梯和石墙等，将工业化的背景融入设计中，与重现的自然景观相互交融。

利用场地的高低、步道和植物，打造多重景观体验网络。公园主要提供了 5 种景观类型——与东面街道相邻的大片草坪；连接草坪与海滨走廊的梯田式种植带、高低错落的灌木林道；人与单车共享的无障碍式海滨走廊；海岸线上错落有致的岩石休闲区域；体现自然、工业、现代感的超长楼梯。公园的每条步道、每级楼梯、每个看台，都是精心设计后的艺术品，不断为游客提供惊喜，鼓励游客发现园内更多的景观空间。

有机衔接，还河道以自然

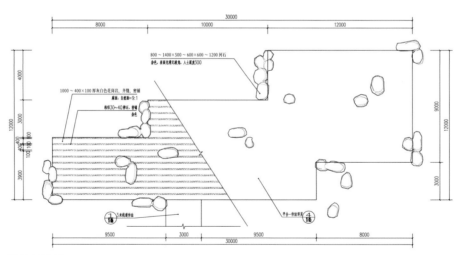

平台平面图 1

设计还河道以自然，同时满足景观的参与性需求。佛山东平河改造设计根据不同河段的洪水、潮汐影响程度，采取了相应的分级设计模型构想。

根据不同水位情况，运用低洼高筑、水道疏浚、植被恢复等多种方式，通过工程、生态、景观的手段恢复了滨水的自然生境，同时因地制宜设置活动场地，让陆地和水域自然衔接，营造出有机的公共空间。

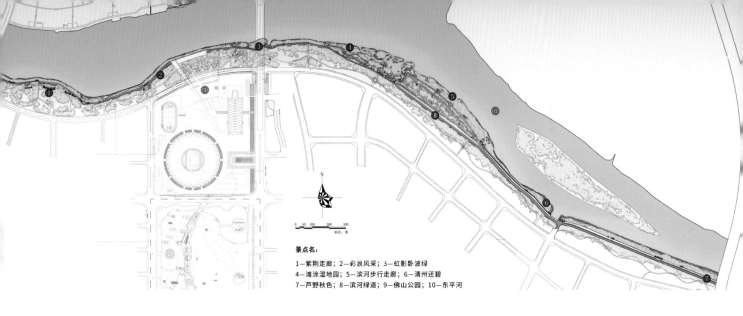

景点名：

1—紫荆走廊；2—彩浪风采；3—虹影卧波绿
4—滩涂湿地园；5—滨河步行走廊；6—清州还碧
7—芦野秋色；8—滨河绿道；9—佛山公园；10—东平河

总平面图

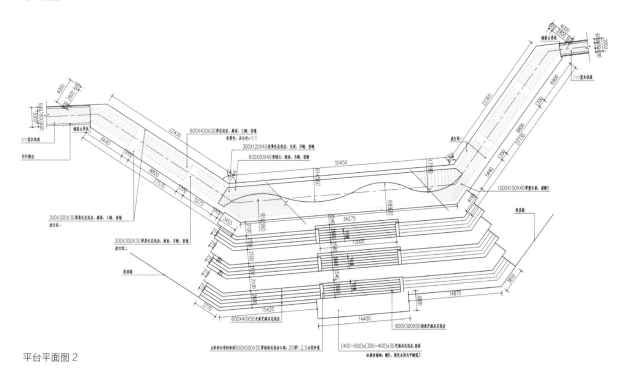

平台平面图2

景观叙事，延续场地记忆

设计挖掘了珠海横琴码头的横水渡历史故事，以船为造景元素，设置了休息平台、横水渡情景雕塑等。利用细节营造氛围，如桅杆、铸铁缆桩、船木平台等，打造情景式互动小景。设计"留白"，为人们的各项自发性活动提供空间，成为横琴区域新地标。

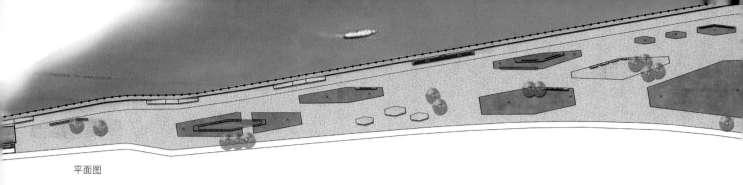

平面图

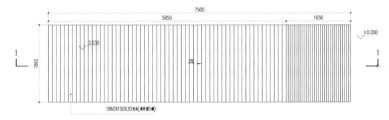

景观亭顶部平面图

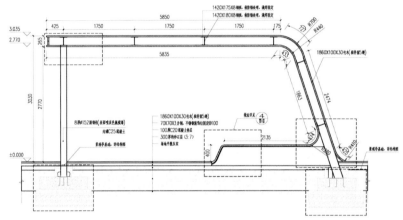

断面图

多层次的公共生活场景

东莞龙湾湿地公园场地中间原有的混凝土大台阶通过重新组合，增加木质躺椅，赋予其全新的功能和体验。

此外，延续"水岸生活"的理念，为使用者设计了五大层次的公共生活场景：一是林荫纳凉空间，作为看江的最佳视角，包括城市文化展厅、商业配套等基础服务设施；二是生活广场，设置有儿童活动区、功能草坪等公共活动场地；三是亲水平台，打开原本生硬的驳岸，形成可被淹没的低水位区和具有安全性的平台区；四是供白鹭和野生动物栖息的生态岛；五是能登高望远的龙塔。

改善河流环境，打造生态廊道

茅洲河是广东深圳、东莞的界河，在老一辈人的记忆里，这里曾鱼虾成群、水清岸绿。进入工业化、城市化时期，随着流域内经济、社会快速发展和人口爆发式增长，茅洲河污染负荷远超环境承载力，存在管网建设滞后、生活污水直排、未完成重污染企业淘汰任务等突出问题。

　　经过改造，现今的茅洲河流域已构建了沿河生态廊道，建有多个生态湿地、雨水花园、植草沟等，串联起周边的公园和绿道，成为物种丰富、寓教于乐、怡人乐居的生态家园和自然课堂。其间建造了多个展示区域节点和沿河大小驿站，还因地制宜开展特色水上运动，是市民休闲游憩和享受生活的好去处。

　　"燕几之翼"位于茅洲河中段北岸，以儿童乐园为主题，将各种功能和景观场地整合，是一座集游乐、休憩、观景为一体的立体廊架游乐园。原址上生长

着多棵状况良好的树木，建筑的屋顶上根据需求设置了4个洞口，使场地树木在原位上繁茂生长，建筑与树木融为一体。

　　驿站采用了创新性摇摆柱体系，以每个三角面与支撑角点的3根柱子为基础构型，在36米×40米的范围内连续生长。该装置具有较好的结构建构表现力，满足快速建造的需求。梭形柱与三角形屋面的组合"漂浮"在滨水树林中，有一种反重力的错觉。屋顶两侧翘起的檐角，仿佛鸟儿张开的翅膀。